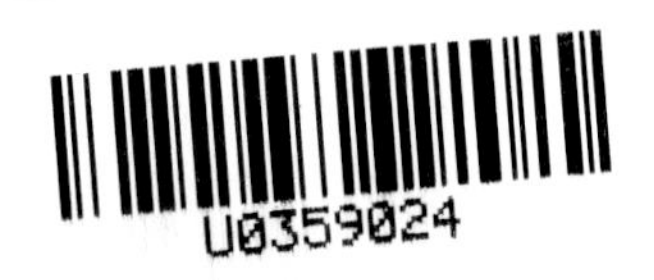

MathStart®
洛克数学启蒙 1

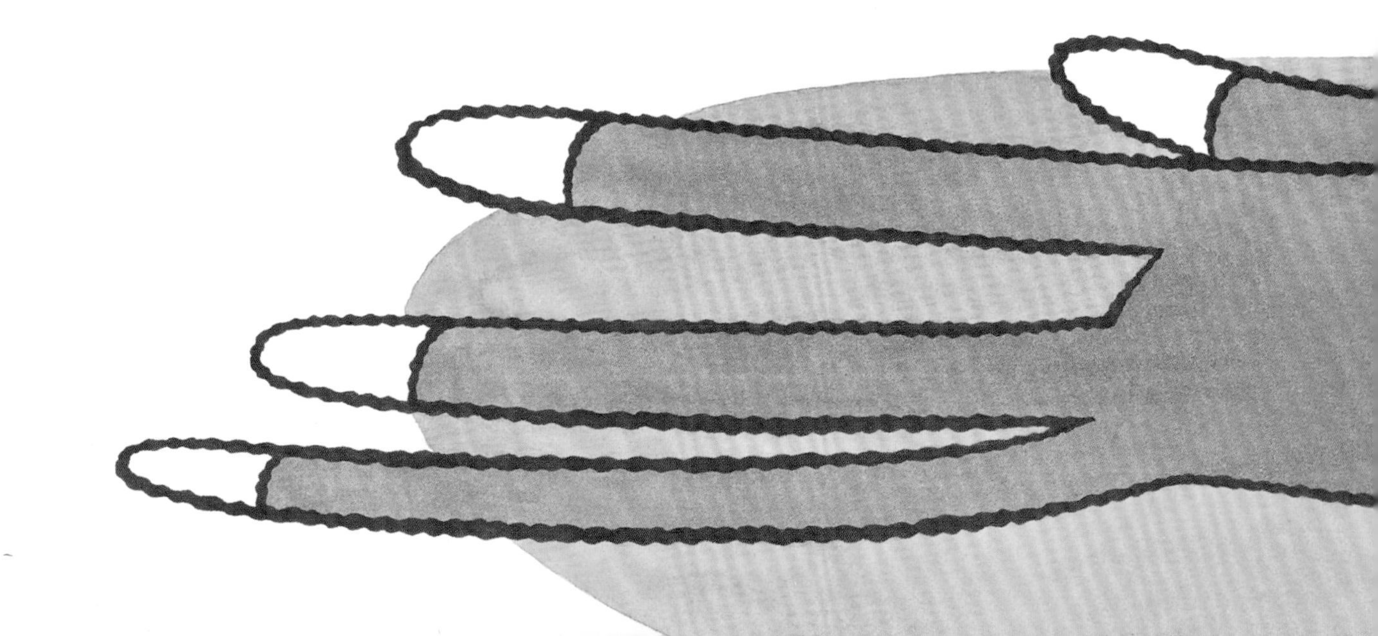

超人麦迪

[美]斯图尔特·J. 墨菲　文　[美]伯妮丝·卢姆　图　漆仰平　译

海峡出版发行集团 | 福建少年儿童出版社
THE STRAITS PUBLISHING & DISTRIBUTING GROUP | FUJIAN CHILDREN'S PUBLISHING HOUSE

献给我们自己的超人麦迪。

——斯图尔特·J. 墨菲

献给莉萨、萨拉、吉娜、朱莉、妮玛丽……

万分感谢，我爱你们。

——伯妮丝·卢姆

著作权合同登记号：图字 13-2023-038号

图书在版编目（CIP）数据

洛克数学启蒙. 1. 超人麦迪 / (美) 斯图尔特·J. 墨菲文 ; (美) 伯妮丝·卢姆图 ; 漆仰平译. -- 福州 : 福建少年儿童出版社, 2023.9
ISBN 978-7-5395-8085-2

Ⅰ. ①洛… Ⅱ. ①斯… ②伯… ③漆… Ⅲ. ①数学－儿童读物 Ⅳ. ①O1-49

中国国家版本馆CIP数据核字(2023)第005293号

LUOKE SHUXUE QIMENG 1 · CHAOREN MAIDI
洛克数学启蒙 1 · 超人麦迪

著　　者：[美] 斯图尔特·J. 墨菲　文　[美] 伯妮丝·卢姆　图　漆仰平　译
出 版 人：陈远　出版发行：福建少年儿童出版社　http://www.fjcp.com　e-mail:fcph@fjcp.com　社址：福州市东水路 76 号 17 层（邮编：350001）
选题策划：洛克博克　责任编辑：邓涛　助理编辑：陈若芸　特约编辑：刘丹亭　美术设计：翠翠　电话：010-53606116（发行部）　印刷：北京利丰雅高长城印刷有限公司
开　　本：889 毫米 ×1092 毫米　1/16　印张：2.5　版次：2023 年 9 月第 1 版　印次：2023 年 9 月第 1 次印刷　ISBN 978-7-5395-8085-2　定价：24.80 元

超人麦迪

B
C
A

“马德琳·格蕾丝！”妈妈大喊，“你的生日聚会还有两小时就要开始了。看看这个家！到处都是玩具！”

妈妈说得没错。客厅里有玩具，

厨房里有玩具，

走廊上有玩具，

就连卫生间里都有玩具。

“蒂妮和琼博从来都不收拾它们的玩具。”麦迪说。

“猫猫狗狗不懂道理，”妈妈说，“但是你懂。你已经是个大孩子了。”

“行动起来，麦迪，”爸爸招呼道，“我可以帮你。我帮你把重的东西搬回房间，你来拿轻的。不过，你的房间必须由你自己来收拾，那里最乱。”

“我来搬这一大盒书，”爸爸说，“哦，太沉了，我都快搬不动了。”
“这两本书很轻，”麦迪说，“我可以拿得动。”

“你的猪猪存钱罐看起来小，”爸爸说，“抱在手里可真重，里面一定装满了钱。”

“这个枕头个头儿大，不过非常轻。我抱得动。”麦迪自豪地说。

没过多久，他们把所有的玩具都搬回了麦迪的房间里。

“麦迪，剩下的就交给你了，”爸爸说，“把这些玩具装进箱子里，装好了叫我。

“我会把它们放到衣橱的架子上——它们太重了，你搬不动的。”

“我的老天，”麦迪说，“真是乱成一锅粥。看来，这项工作要由……超人麦迪来完成！”

超人麦迪

“蒂妮、琼博，你们最好别挡道。”超人麦迪发话了。

“蒂妮，你真好，抱起来轻轻的。琼博，和蒂妮比起来，你可太重了。”

“这辆翻斗车很沉。”
超人麦迪嘟囔着。

“这辆消防车就更重了。”

“我的芭蕾舞裙很轻，”麦迪念叨着，“不过这些羽毛更轻！”

“麦迪，你最好动作快点儿！”妈妈在楼下喊，“你的朋友们随时会到！”

超人麦迪打扫房间的速度快过任何人。

“重！”
“更重！”
“轻！”
“更轻！”
超人麦迪
超人麦迪

“爸爸，妈妈！”麦迪高喊，“我收拾完啦！”
爸爸和妈妈赶紧走过来看。

“太厉害了！”爸爸表扬麦迪，“你不仅及时收拾好了房间，还一个人搬走了那些箱子，里面的玩具很重的。

“你可真是超人麦迪呀！”就在这时，门铃响了。

“哈，我是超级智多星！”超人麦迪说。

生
日

快
乐!

写给家长和孩子

《超人麦迪》所涉及的数学概念是比较轻重。为了让孩子理解这个概念，得让他们拿起不同的物体并比较其重量。通过自己的亲身实践，孩子们可以观察到，一个物体的重量不一定和它的大小相关。

对于《超人麦迪》所呈现的数学概念，如果你们想从中获得更多乐趣，有以下几条建议：

1. 在阅读故事之前，和孩子讨论物体的重量，指出一个体积大的物体可能比一个体积小的物体轻。孩子可以一手拿一个枕头，一手拿一罐饮料，比较一下哪个更重。

2. 收集故事中出现的物品，比如书、玩具、枕头和存钱罐。再次阅读故事，让孩子扮演麦迪，而你可以扮演故事中爸爸的角色，假装搬起较重的东西。

3. 拿出两个物体放在孩子的面前（例如一个毛绒玩具和一块积木），让他猜一猜哪个比较重。问问孩子为什么这么认为，然后让他拿起物品来验证自己的猜测。

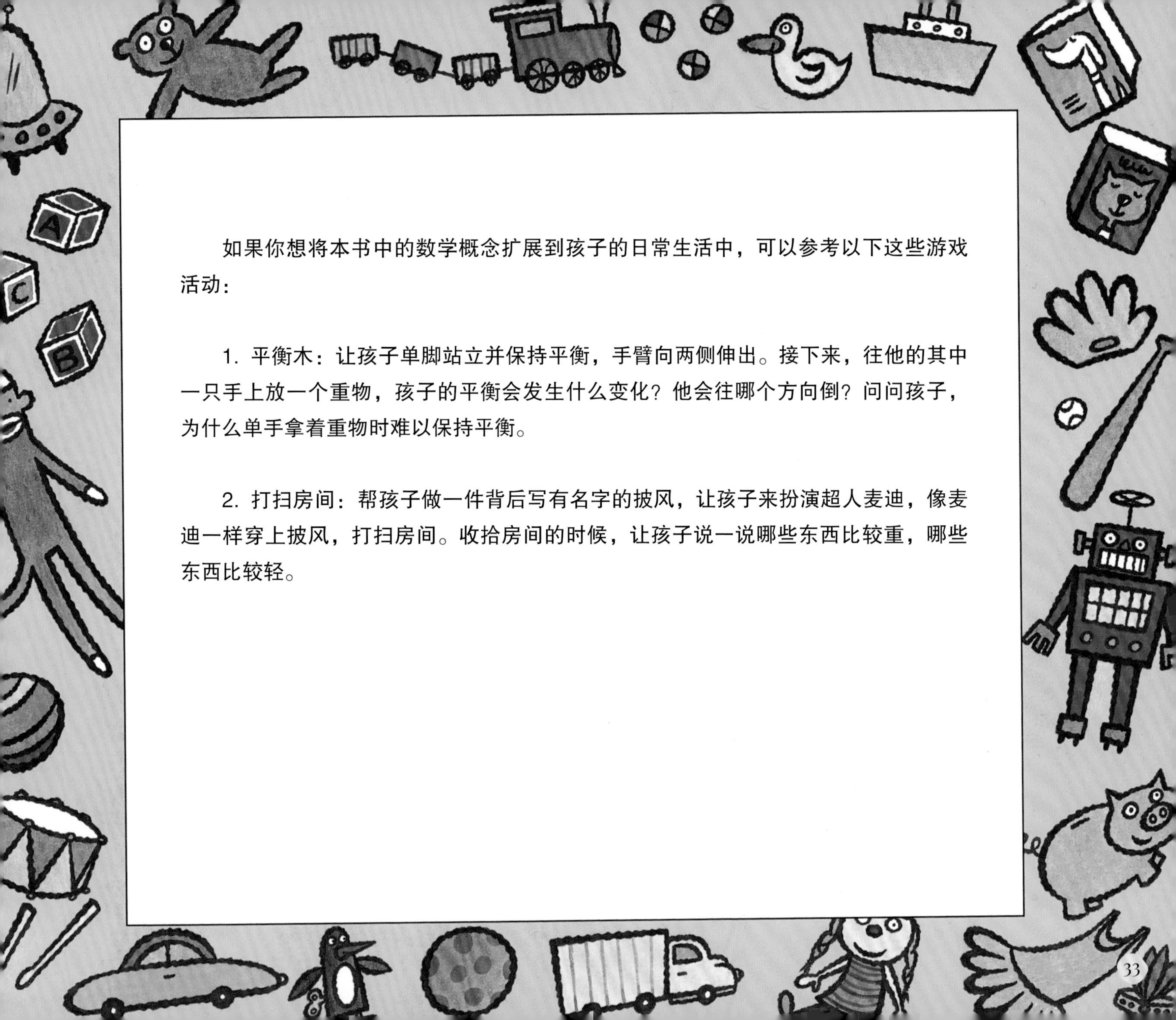

如果你想将本书中的数学概念扩展到孩子的日常生活中，可以参考以下这些游戏活动：

1. 平衡木：让孩子单脚站立并保持平衡，手臂向两侧伸出。接下来，往他的其中一只手上放一个重物，孩子的平衡会发生什么变化？他会往哪个方向倒？问问孩子，为什么单手拿着重物时难以保持平衡。

2. 打扫房间：帮孩子做一件背后写有名字的披风，让孩子来扮演超人麦迪，像麦迪一样穿上披风，打扫房间。收拾房间的时候，让孩子说一说哪些东西比较重，哪些东西比较轻。

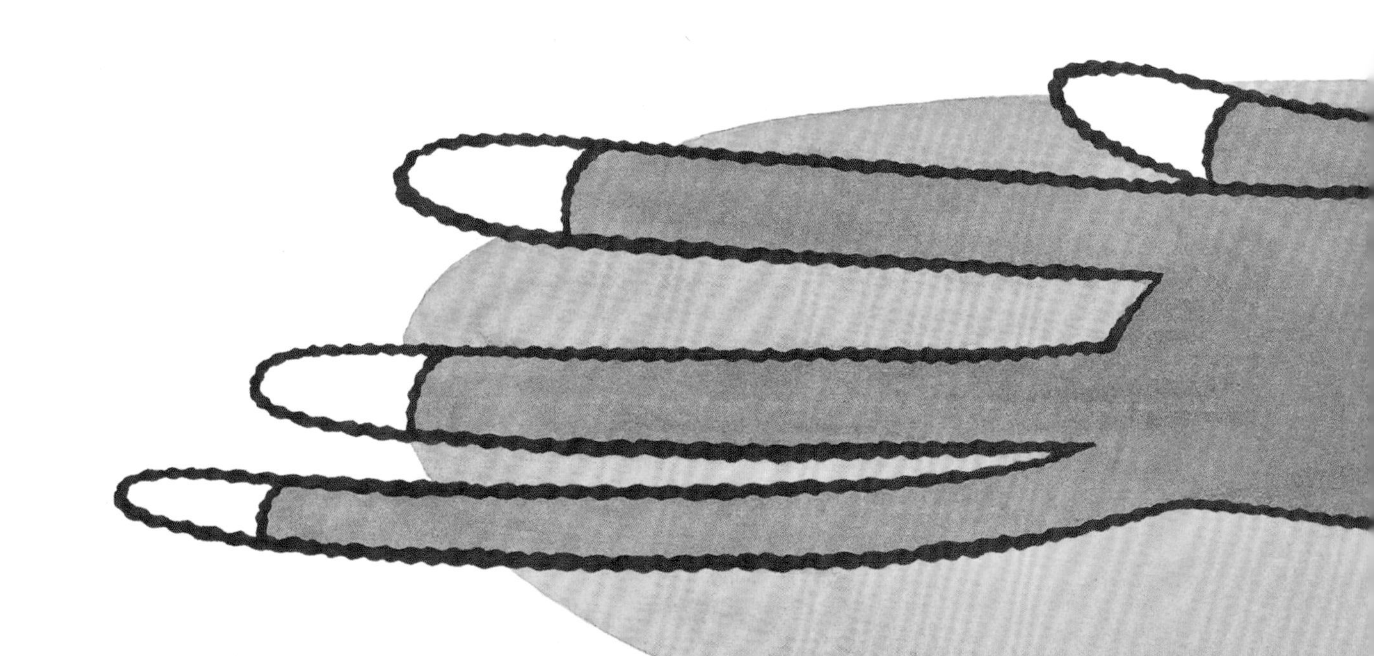

洛克数学启蒙

《虫虫大游行》	比较
《超人麦迪》	比较轻重
《一双袜子》	配对
《马戏团里的形状》	认识形状
《虫虫爱跳舞》	方位
《宇宙无敌舰长》	立体图形
《手套不见了》	奇数和偶数
《跳跃的蜥蜴》	按群计数
《车上的动物们》	加法
《怪兽音乐椅》	减法

《小小消防员》	分类
《1、2、3，茄子》	数字排序
《酷炫100天》	认识1~100
《嘀嘀，小汽车来了》	认识规律
《最棒的假期》	收集数据
《时间到了》	认识时间
《大了还是小了》	数字比较
《会数数的奥马利》	计数
《全部加一倍》	倍数
《狂欢购物节》	巧算加法

《人人都有蓝莓派》	加法进位
《鲨鱼游泳训练营》	两位数减法
《跳跳猴的游行》	按群计数
《袋鼠专属任务》	乘法算式
《给我分一半》	认识对半平分
《开心嘉年华》	除法
《地球日，万岁》	位值
《起床出发了》	认识时间线
《打喷嚏的马》	预测
《谁猜得对》	估算

《我的比较好》	面积
《小胡椒大事记》	认识日历
《柠檬汁特卖》	条形统计图
《圣代冰激凌》	排列组合
《波莉的笔友》	公制单位
《自行车环行赛》	周长
《也许是开心果》	概率
《比零还少》	负数
《灰熊日报》	百分比
《比赛时间到》	时间